漁業国 日本を知ろう
中国の漁業

監修／坂本一男（おさかな普及センター資料館 館長）　　文・写真／吉田忠正

はじめに

　漁業とは何でしょう。船で海へ出て、大きな網でたくさんの魚をとる漁はもちろん、ホタテガイやマダイなどを育てる養殖も、コンブやワカメなどの海そうをとることも、みんな漁業です。

　このシリーズは、北海道から沖縄まで、地域ごとに漁業の現場を直接取材して、さまざまな漁のしかたや養殖の方法、魚が食卓に届くまでを紹介しています。そして、漁や養殖の現場ではたらいている漁師さんのたくさんの声をのせています。漁業という仕事の喜びややりがい、漁業にかける思い、そして自然を相手にするその苦労などをとおして、漁業の魅力を伝えます。

　巻末には、それぞれの地域でとれる魚についての解説や、地域ごとの漁業のとくちょうがわかるデータものっています。

　この巻では、日本一のカキの生産地である広島のカキ養殖や、海の底へ底びき網を投げいれて漁獲するズワイガニ漁、マグロの群れをまき網で取りかこむクロマグロ漁、長いさおの先についたかごを使って漁獲するシジミ漁などを紹介します。

中国の漁業

漁業国・日本を知ろう

目次

第1章 広島県のカキ養殖

びっしりついたカキを引きあげる 4
広島湾ってどんなところ？ 6
カキが大きく育つまで 8
インタビュー カキの生産者にむけ情報を発信 11
カキの収穫に出発！ 12
カキをクレーンで引きあげる 14
インタビュー よりよいカキ作りに挑戦していきたい ... 17
カキの殻をむく「カキ打ち」 18
カキを袋につめて出荷 20
カキが食卓にとどくまで 22

第2章 中国のいろいろな漁業

賀露のズワイガニ漁 24
インタビュー 24時間休みなしで漁をつづけることも ... 29
境のクロマグロ漁 32
インタビュー たくさんとれたときの喜びは大きい 35
宍道湖のシジミ漁 38
インタビュー まず、湖の地形を教えてもらいました ... 41

――――――✻――――――

中国の漁業地図 44
解説・中国の魚を知ろう 46

（P32）
境（鳥取県）

賀露（鳥取県）

（P38）
宍道湖（島根県）

広島湾・三津湾（広島県）

（P4）

第1章 広島県のカキ養

びっしりついたカキを

　ここは広島県東広島市安芸津の三津湾から沖へ1kmほど行ったところにあるカキの養殖場です。いままさに、大きく成長して甘みがのったカキの収穫をしているところです。

　海にうかべたいかだの下には、長さ9mくらいある針金をさげていて、そこにはカキがびっしりとついています。この針金をカキといっしょに、船に装備してあるクレーンで引きあげて、かごのなかに移しています。大きなはさみでこの針金を切ると、カキがドサッドサッとかごのなかに落ちます。

　冬のさなかの1月、日の出の前後の一番ひえこむ時間です。海上は陸上よりも風が強いため、寒さはいっそう身にしみます。カキの生産にたずさわる森尾龍也さんは、いかだの上を飛びまわって、カキがついている針金をたばね、クレーンで引きあげ、針金を切ってカキをかごに入れる作業を、1人でとどこおりなくすすめています。

写真：カキがびっしりついた針金をクレーンで引きあげて、はさみで針金を切り、カキをかごに入れる。

広島湾ってどんなところ？

△宮島（厳島）から見た広島湾。カキのいかだがうかんでいる。波がとても静か。

　広島県は昔からカキの養殖がさかんなところです。すでに16世紀なかごろの室町時代には、カキの養殖がおこなわれていたといわれています。江戸時代には干潟に竹や木をさして、そこにカキの幼生（赤ちゃん）をくっつけて、大きく育てるというやり方をしていました。この方法は昭和の初めごろまでおこなわれていました。

　その後、現在のようにいかだをうかべて、そこにホタテガイの貝殻をつるし、貝殻にカキの幼生をつけて育てるという方法がさかんになりました。これを「いかだ式垂下養殖法」といいます。

　広島県は日本で一番のカキの生産地で、毎年、むき身にして2万トンの生産量を目標にしています。これは全国の生産量の約60％にあたります。このように養殖がさかんになった大きな理由は、広島湾にあります。瀬戸内海は波が静かで、なかでも広島湾は湾内に多数の島じまがある深い入り江になっていて、カキを養殖するのに必要ないかだを設置するためには最適のところです。

　また、広島湾には中国山地に発する太田川が流れこんでいます。この川は山から栄養分を大量にはこんできます。そのためカキのエサとなる植物プランクトンがふえ、カキは大きく成長できるのです。広島産のカキは大粒で実入りがよく、品質もよいと評判です。

🔺カキの養殖をするいかだ。約20×10mで、テニスコートより小さめ。この下にホタテガイの貝殻を下げて、そこにカキの幼生を付着させて、大きく育てる。県内には約1万1000枚のいかだがある。

🔺広島市から東へ約50kmのところにある安芸津の三津湾。カキの幼生をくっつけるホタテガイの貝殻も用意している。

🔺いかだをつくるための竹を準備している。

● 広島県のおもなカキの産地

■の色の部分がいかだのあるところ。

いかだ式垂下養殖法のしくみ

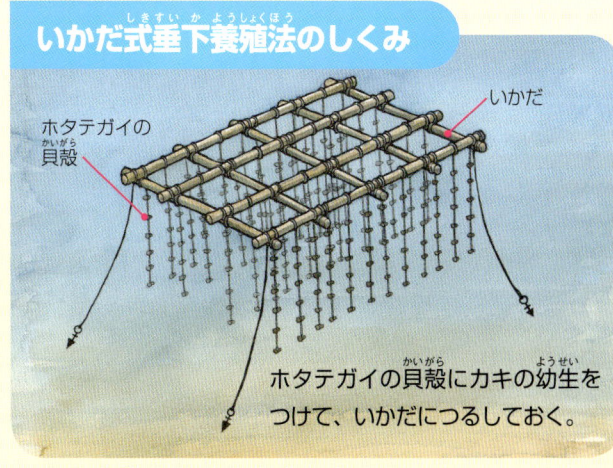

ホタテガイの貝殻にカキの幼生をつけて、いかだにつるしておく。

7

カキが大きく育つまで

▲採苗の準備。ホタテガイの貝殻を海のなかにつるす。

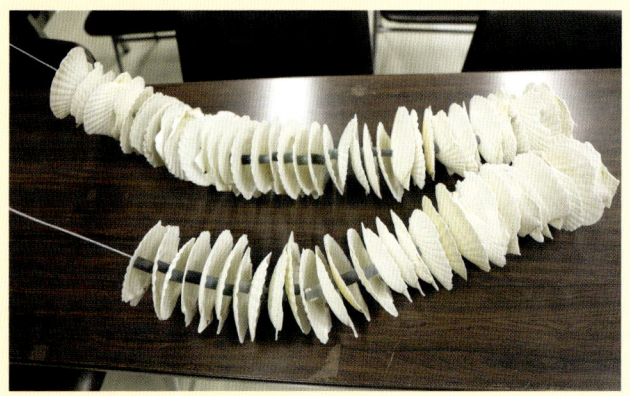
▲ホタテガイの貝殻に穴をあけて針金を通し、長さ1cmくらいのビニール管を間にはさんでおく。

▲採苗中。貝殻1個にカキの幼生を100個くらいつける。

カキの赤ちゃんの誕生

現在、広島県のカキの養殖は、ホタテガイの貝殻にカキの幼生をつけて、それをいかだにつるして大きく育てるという方法をとっています。いかだにつりさげるという方法は1930年代にはじまっていましたが、いかだに竹を使うようになったのは1950年代のことです。竹は風や波に強く、制作費も安くすむことがわかったからです。これにより、漁場は沖にむかって広がり、生産量もあがりました。

毎年7月〜9月にかけて、カキは産卵をします。メスとオスとが海水中で卵や精子を放出すると、受精がおこなわれ、幼生が生まれます。次の日には、幼生の身をつつむ貝殻ができてきます。その後、2週間ほど海のなかをただよってから、海中の杭や岩などにくっつきます。この

第1章 広島県のカキ養殖

ものしり ノート

《カキ》

　カキは軟体動物のイタボガキ科に属する二枚貝の仲間です。カキとひとくちに言っても、日本近海だけでも20種類以上もあります。なかでもマガキが知られていて、わたしたちが目にするのはほとんどがこのマガキです。北海道から九州まで、広く分布しています。

　アサリなどと同じ二枚貝で、二枚の貝殻につつまれていますが、アサリのように同じような形をしていません。環境によって細長いのや丸っこいのなど、さまざまな形をしています。

　カキは栄養価が高く、鍋、フライ、シチューにして食べるほか、酢ガキにして食べます。

▲マガキ。大小さまざま。形もでこぼこ、のっぺり、ふっくらなどいろいろ。

ホタテガイの貝殻についた幼生の成長

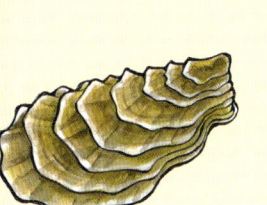

▲ホタテガイの貝殻にくっついて数日後の幼生（茶色の点）。1mmくらい。

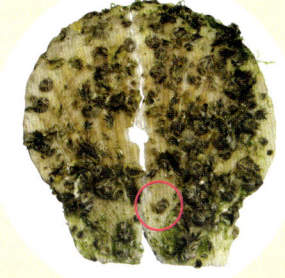
▲1か月後の幼生（小さいつぶ）。5mmくらい。

▲数ヵ月後。1〜2cmくらい。

　時期にあわせてホタテガイの貝殻を海中に入れておくと、カキの幼生がこの貝殻につくのです。このカキの幼生をホタテガイの貝殻にくっつける作業を採苗（種つけ）といいます。カキは一生、貝殻にくっついたままで大きくなります。

カキができるまで

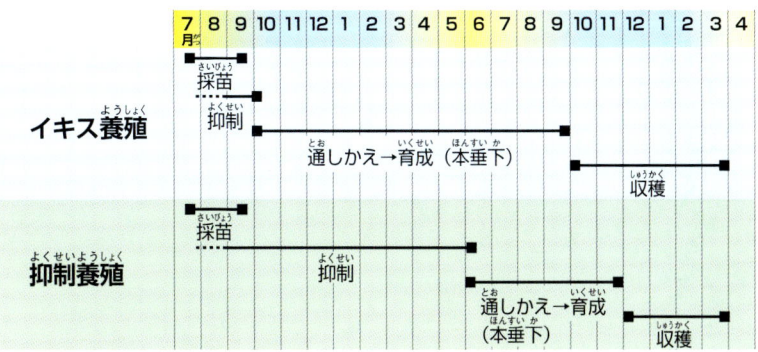
▲カキの生産者はイキス養殖というシーズンの早い時期に収穫するものと、抑制養殖というおそい時期に収穫をするものと、両方をおこなって収穫時期を調整している。

●カキの抵抗力をつける

ホタテガイの貝殻にカキの幼生がついて1〜2週間くらいしたら、沿岸の棚に移して、つりさげておきます。これを「抑制」といいます。この棚は干潮のとき、水面の上にでるような位置にあるので、海水につかっている時間が少なくなります。これにより成長をおそくさせ、あわせて抵抗力をつけさせているのです。カキを早く成長させると翌年の夏、産卵のあとに死ぬことがあるからです。

●沖の新しいいかだに移す

10月ごろから順に、カキを大きく成長させるために、ホタテガイの貝殻を一枚ずつはずして、新しい針金に移しかえる作業をおこないます。これを「通しかえ」といいます。各貝殻の間には長さ約21cmのビニール管を入れて、貝殻どうしにすき間をあけておき、長さ約9mの新しい針金に1枚ずつ移していきます。1本の針金には約40枚のホタテガイの貝殻をつけます。これを次つぎに沖のいかだまではこび、つるしていきます。ひとつのいかだに約700本つるします。

こうして約1年間、カキを育成します。その

▲沿岸の棚につるしたカキ。干潮のとき、海面の上にだして、海水につかる時間を短くする。こうして抵抗力をつける。

▼カキの幼生がついたホタテガイの貝殻を、1枚ずつ新しい針金に移す。

間にカキの生産者は、身がしっかりつまったおいしいカキになるように、いろいろ工夫をします。たとえば、春から夏にかけて、フジツボなど有害な生物がつくことがあるので、カキを深いところに下げます。
また、秋口に水温がさがったら、水面の近くまで引きあげます。

▲養殖中のカキ。通しかえをしてから5か月くらいたったもの。

▲秋になって水温が下がってくると、カキにとって有害な生物が少なくなるので、水面の近くまで引きあげる。

カキの生産者にむけ情報を発信

広島市農林水産振興センター　福泉 拓さん

当センターでは、おもにカキの養殖に関する情報をだしています。なかでも重要なのは、カキの幼生についての情報です。6月終わりごろから、カキは産卵期に入るので、幼生が海中にどのくらい出現しているのかを調べます。あわせて種見調査といって、ホタテガイの貝殻に幼生が1日あたりどのくらいついたかを数えています。この作業は8月末まで、毎日おこないます。これらの情報をもとに、生産者のみなさんは、採苗の日程を決めたりします。

このほか、年間通して調べているのは、漁場の水温、塩分濃度、水中の酸素濃度、プランクトン濃度、海水の透明度などです。春から夏にかけて、カキを深いところに移し、秋に水温が下がったら、水面近くに移します。また、水深10mから表層までネットをひいてプランクトンを採取して、カキのえさがどのくらいあるかを調べます。これらの情報は、いろいろな作業をおこなう指針になります。

このように、当センターではカキの養殖にとって欠かせない情報を生産者に発信しています。ここには、カキの養殖をはじめ淡水魚などを展示している魚と漁業の展示室もあります。

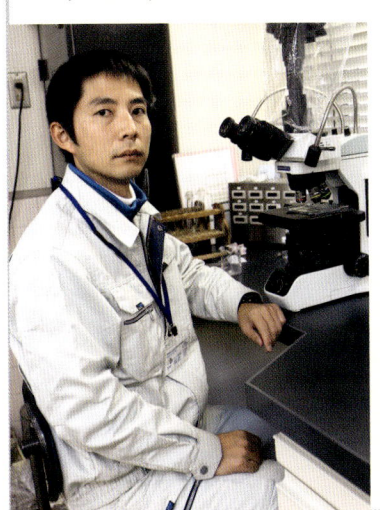

▲広島市内の小学校の児童による、カキの殻むき体験。広島市農林水産振興センターで。

カキの収穫に出発！

△港でカキを入れるかごを船に積みこむ。

　10月ごろになると、カキの収穫がはじまります。カキは大きく育ち、なかの身も入って食べごろになっています。

　朝の6時ごろ、あたりがうっすらと明るくなったころ、カキの生産者・森尾龍也さんはカキの収穫に出発します。

　1辺が1m以上あるかごを2台、クレーンで引きあげて船に積みこんで、安芸津の三津湾を出ます。港は風はおだやかですが、沖に出ると風は冷たく、強くふいています。10分くらい船を走らせると、カキの養殖いかだがうかんでいるところに着きます。この日に収穫しようと決めているいかだのところに、船を横づけします。

　森尾さんはひらりといかだの上に飛び移り、乗ってきた船を棒でおしながら、作業しやすいところに船といかだの位置を固定します。次に、カキがたくさんついている針金をよせあつめて、8～9本くらいをひとまとめにします。これをクレーンの先のカギにひっかけて、いっきに引きあげます。

△あたりが、うっすらと明るくなってきた。

第1章 広島県のカキ養殖

🔺港から10分くらい船を走らせると、沖の養殖いかだにたどりつく。いかだに移って船の位置を調整する。

🔺船をいかだに固定する。

🔺いかだにつるしておいた針金を、8本か9本、まとめる。

🔺針金を、クレーンで引きあげるところ。

13

カキをクレーンで引きあげる

❶カキがびっしりついた針金を、クレーンで引きあげる。

❷船べりによせて、針金についた海藻など余分なものをとりのぞく。

🟡 針金にカキがびっしり

　森尾さんは船にもどって、クレーンを操作するリモコンを手にとり、引きあげと移動をおこないます。ひとまとめにしたカキのついた針金が引きあげられ、その一部が海面上にすがたをあらわします。これを船べりによせたら、一時、クレーンをとめて、カキのまわりについている海藻を引きはがします。

　そして再びクレーンを操作して引きあげると、全長9mの垂下連（カキをつるしておいた針金）のすべてが見えてきます。針金のまわりに大きく育ったカキがびっしりとついています。これをかごの上まで移動させ、位置を決めて、クレーンをストップします。次に大きなはさみで、針金をパキンパキンと切っていきます。すると、ホタテガイの貝殻に5〜6個ひとかたまりになってついているカキが、ドサッドサッと、かごのなかに落ちていきます。

　こうして引きあげたカキを、すべてかごのなかに移しおえたら、ふたたびいかだの上に飛び移って、針金をまとめてクレーンのかぎに引っかけて、引きあげます。こうした作業を6回くりかえすと、2台のかごがほぼいっぱいになります。これらの作業を、森尾さんは1人ですすめていきます。

第1章 広島県のカキ養殖

❸さらに上に引きあげて、カキがかごの上にくるように操作する。

❹かごの上でとめる。

❺大きなはさみで針金を切ると、カキはかごのなかに落ちていく。

▲２つのかごがいっぱいになる。重さはあわせて２トンくらい。

▲カキに水をかけて、船の上もきれいにして終了。

🦪 かごがカキでいっぱいに

　収穫作業をはじめて１時間半ほどして、２つのかごがいっぱいになったら、今日の作業はおわります。甲板の上をきれいに洗い流し、カキが入ったかごにも水をかけます。そしていかだと船とを固定していた棒をはずして、船のエンジンをかけて、港へ向けて出発します。

🦪 殻つきカキの飼育

　途中、森尾さんは別のいかだにもよります。こちらは、カキを殻つきで出荷するために、別の育て方をしています。９月ごろから、形がよく大きさが同じくらいのカキをみつくろって取りだし、小さな丸かごに入れて、いかだにつるし、育てているのです。殻の大きさが同じくらいのカキを入れておくと、身の大きさがそろってくるそうです。

　先ほど、あらたに取ってきたカキの一部を、このいかだにつるし、また、ここで育ててきたカキを、出荷のために取りだします。

　この作業が終わると、いよいよ港へ帰ります。時刻は朝の８時半くらい。あたりはもうすっかり明るくなっています。港へ着くと、カキでいっぱいになったかごをクレーンで陸上に移し、とめてあったフォークリフトにのせて、カキの殻をむく工場へはこびます。

第1章 広島県のカキ養殖

△帰る途中、別のいかだによって、殻つきで出荷するためのカキを引きあげる。

△港に到着。

△クレーンでかごごと引きあげて、水揚げする。

INTERVIEW よりよいカキ作りに挑戦していきたい

カキ生産者　森尾龍也さん

わが家は祖父の代にカキの養殖をはじめて、私で3代目です。私はこの仕事をするようになって12年になります。カキのいかだは40枚くらいもっています。

年間をとおしていちばん忙しいのは、10月中旬から4月までの出荷の時期です。朝、日の出の前に海へ出てカキの収穫をして、帰ってからひと休みします。そして9時半ごろから、むいたカキを洗って袋づめの作業をします。

5〜6月は、ホタテガイの貝殻に針金を通すなど採苗（種つけ）の準備です。採苗は7月からはじめ、お盆のころには終わります。夏の間は、新しいいかだを作る作業や、通しかえといって新しい針金にカキをうつす作業などがあります。

海の上は陸上とくらべると風が強くて寒いので、つらいです。クレーンでカキを引きあげるときに、風が強いとカキがなかなかかごのなかに入りません。いかだの上はすべることもあるので、注意しなければなりません。また、いろいろな資材や燃料費なども値上がりして、そちらの経費もふくらんでいるので大変ですね。

これからは殻つきのカキの出荷をふやしていきたいです。また夏でもカキを出荷できるような体制を作りたいと思っています。よりよいカキを作れるよう、いろいろ挑戦していくつもりです。

カキの殻をむく「カキ打ち」

▲フォークリフトでとったカキをカキ打ち工場まではこんでくる。ベルトコンベアにのせて、途中でパイプやホタテガイの貝殻などをとりのぞく。

▲洗浄機でカキを回転させて、殻ごと洗う。ここでカキにくっついていた海藻や貝なども落とす。

●カキの殻むきは女性たちの仕事

森尾さんの自宅には、カキの殻をむく工場があります。海から引きあげられたカキは、この工場にはこばれ、殻つきのままきれいに洗い、ビニール管やどろ、くっついていた海藻や貝などをとりのぞきます。つづいて女性たちがカキの殻をむく作業をします。カキの殻をむくことを「カキ打ち」といい、むく人を「打ち子さん」といいます。広島県には、中国から職業訓練の研修生がやってきて、「打ち子さん」として活躍しています。

広島産のカキの多くは、殻をとって中身だけをむき身として出荷しています。そのため、出荷の前に殻をむいて、むき身にする作業が必要です。このカキ打ちの作業は、今でもほとんどの場合、人の手でおこなっています。朝8時ごろから、女性たちがカキの山の前にすわって、ひとつずつカキの殻をむいて、カキの身を取りだし、大きさ別にわけていきます。

●1日に1人あたり4000個

カキ打ちは平べったいほうの殻を上に向けて、貝柱があるところに見当をつけてナイフを入れ、貝柱を切って殻をあけます。つぎつぎにカキが口をあけていく手さばきは見事です。1日に1人あたり4000個くらいのカキをむき身にしていきます。

第1章 広島県のカキ養殖

△カキ打ちの作業。女性たちがカキの山の前にすわり、ひとつずつ殻をむいていく。

△すばやくカキの身を取りだす森尾さんの母親の治子さん。この道40年のベテラン。

△むいたカキの身。

△カキの殻をむく道具。「カキ打ち」という。

19

# カキを袋につめて出荷

❶ 滅菌した海水で洗い、小さなごみ取りもする。

❷ さらに滅菌海水でよく洗う。

出荷の時間にあわせて箱づめ

打ち子さんによってむき身になったカキは、洗浄機に入れ、滅菌した海水でよく洗います。このときに、カキの殻の破片など、小さなごみもとりのぞきます。次に前回より塩分を少なめにした滅菌海水が入った水そうに移して、さらにきれいに洗って、袋につめます。袋は500gを基本としています。この作業では、とくに衛生面に気をつかいます。

袋につめたカキは、発泡スチロールの箱に入れ、その上から氷をかけて箱につめ、広島の中央市場や、市内の料理屋、個人の注文主などに送られます。発送の時間は午後3時と決まっているので、出荷の時間にあわせて、てきぱきと作業を進めています。

カキの殻はどうする?

1日にカキの生産者1軒から、約1トンの殻がでます。これらの殻は回収業者をとおしてあつめられ、農業用の肥料として、あるいは家畜のえさにまぜて使われます。

また、カキの殻を束ねて海に沈め、自然の岩のようにして、魚礁(魚があつまる水中の岩場)として使おうという試みも、5〜6年前からはじまりました。この魚礁を海底の浅いところにおいて、海藻を育て、小エビや小魚をよびよせ、やがて大きな魚もやってくるような場所をつくろうとしています。

第1章 広島県のカキ養殖

❸カキを袋につめるところ。

❹500gの袋につめたカキ。

❺箱にカキを入れ、上から氷をかける。ふたをして出荷。

🔺カキの殻をつめて、魚礁をつくる。

🔺カキの殻でつくった魚礁。

21

カキが食卓にとどくまで

まず、カキの幼生をホタテガイの貝殻に付着させます（採苗）。その後、沿岸の棚に移しておきます。カキが次第に大きくなり、多くの栄養を必要とするようになると、別の針金にとおして、沖のいかだに移します（通しかえ）。ここでカキは栄養をとって大きくなり、10月ごろに収穫期をむかえます。

収穫されたカキの多くは、殻をむいて、むき身にして、袋につめます。これらは市場やスーパーマーケット、小売店、個人宅などに送られ、わたしたちの食卓にとどきます。

△カキの幼生がついたホタテガイの貝殻を沿岸の棚につるす。

カキの採苗（種つけ） ➡ 沿岸の棚につるす ➡ 沖のいかだにつるす（通しかえ）

△カキの幼生をホタテガイの貝殻につける。

▷ホタテガイの貝殻を間隔をはなしてつるしなおし、沖の棚に移す。

第1章 広島県のカキ養殖

▲カキをクレーンで引きあげて収穫。

▲カキを袋につめる。

収穫 → カキ打ち → 袋につめる → 市場や魚屋、個人のもとへ

▲カキの殻をむく。

▲小売店にならぶカキ。

23

第2章 中国のいろいろな
賀露のズワイガニ漁

△網で引きあげたばかりのズワイガニや魚介類を甲板にひろげて、これから魚種ごとに選別するところ。

● 日本海の冬の味覚を代表する魚介

　鳥取県は石川県、福井県、兵庫県とならんで、ズワイガニ漁がさかんな県です。鳥取市の北西約7kmのところにある賀露港をたずねました。ここでは、ズワイガニやアカガレイ、ハタハタなど沖合の魚介からヒラメ、メイタガレイ、スルメイカなど沿岸の魚介など、多くの魚種が水揚げされます。とくにズワイガニは日本海の冬の味覚を代表する魚介として注目されてきました。

　鳥取県ではオスを「松葉ガニ」、メスを「親ガニ」、脱皮して間もない殻がやわらかい水ガニを「若松葉」とよんでいます。また、甲らの幅が11cm以上で実入りのよいオスは、漁船の名をつけ、品質を保証するタグ（標識）をつけて出荷します。

● きびしい規制をもうけて

　1963年には鳥取県でのズワイガニの漁獲量は最高の5280トンを記録しましたが、それ以来へり続け、1991年には309トンにまでなってしまいました。そのためズワイガニの漁業者は国よりもさらにきびしい自主規制をもうけ、再生に取りくんできました。最近の漁獲量は

第2章 中国のいろいろな漁業

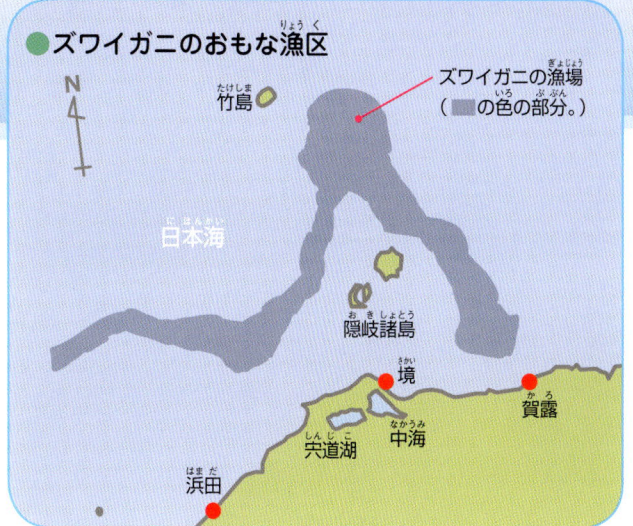
● ズワイガニのおもな漁区

⬆ 鳥取市の北西にある賀露港。ズワイガニ漁をした漁船が帰ってきたところで、市場はにぎわっている。

1100トンにまで回復しました。
　漁期は鳥取県では平成25年度は11月6日にはじまり、オスは3月20日まで、メスは12月末日まで、脱皮して間もない水ガニは1月20日から2月末日までと決まっています。大きさや、1度の航海でとる量も制限されています。

● ズワイガニの漁期（鳥取県の自主規制）

	漁期	捕獲禁止の大きさ	1度の航海での漁獲量
オス	11月6日 〜3月20日	9.5cm未満	制限なし
メス	11月6日 〜12月末日	7cm未満	1万6000尾まで
水ガニ	1月20日 〜2月末日	10.5cm未満	2300尾まで

《ズワイガニ》

日本海、オホーツク海、北太平洋沿岸の深海に生息する。卵からかえってしばらくは海中をただよい、脱皮をくりかえしながら大きくなる。甲らの幅が9cmくらいになるのに、約8年かかる。その間に10回くらい脱皮。オスはその後も脱皮をくりかえし15cmくらいになる。メスは10回くらい脱皮したのち、卵を産む。そのため、大きさは7〜9cmくらいでとまる。

25

▲ズワイガニ漁をする底びき網漁船。

▲「ブリッジ」とよばれる操舵室。

●ズワイガニはどのようにしてとる？

　ズワイガニはおもに沖合底びき網漁船でとります。75～95トンの船で、乗組員は船長をはじめ機関長、船員など8～10人。漁場は、隠岐の周辺や浜田沖で水深200～500mのところです。
　底びき網漁では、ズワイガニがいそうな漁場に着いたら、樽（浮標）を投げいれ、そこから四角をえがくように舵を切りながら全速で走って、網を投げます。最後に樽をあげ、引き綱の一端を回収し、網を引きはじめます。50分ほど網を引き、船尾から引き綱をまきあげ、獲物を網によせてあつめてとる漁法です。これを「かけまわし漁法」ともいいます。ズワイガニのほかにハタハタ、アカガレイ、モサエビ（クロザコエビ）などがいっしょにとれます。

●底びき網漁船はどんな船？

　運転席のある操舵室は「ブリッジ」とよばれています。船を運転する舵があるほか、レーダーやGPS、潮流計、魚群探知機、風速・風向計など、いろいろな計器がならんでいます。船長はここで仲間の船の位置を考慮し、潮流、タイミングなどを見ながら、網を投げいれる場所を船員に指揮しています。
　甲板には魚やカニをとる網があり、引き綱をまきあげる機械や、網を引きあげるクレーンが設置されています。船室には船員たちの寝室やキッチンなどがあります。三度の食事づくりは、新人船員が担当するならわしになっています。
　船底には機械室があり、船を動かすエンジンや、冷凍機や発電機などの機械もあります。

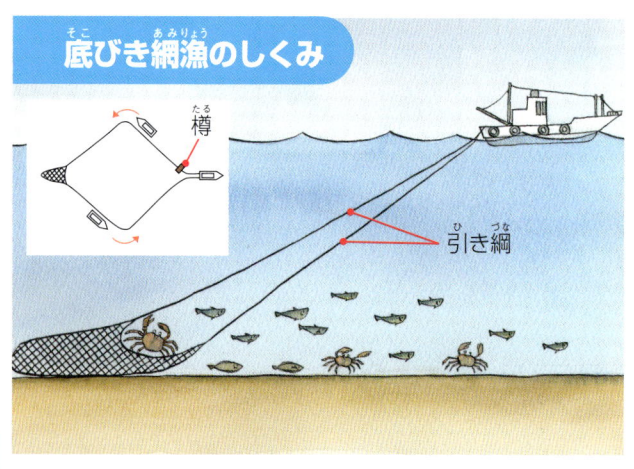

底びき網漁のしくみ
樽
引き綱

△機械室。船を動かすエンジンのほか、冷凍機や発電機などがある。

△甲板にはまきあげた網やロープなどがある。

△引き綱の先につける樽（浮標）。

△網の修理をしている。

●ズワイガニ漁へ出発

　11月6日はズワイガニ漁が開始される日です。11月4日から燃料や氷、魚を入れる箱、食料などを船に積みこみ、網の点検や、エンジンや機械類が正常に動くかチェックします。11月5日には、地元の小学生の鼓笛隊が参加して、にぎやかな壮行会がおこなわれ、漁船はいっせいに出港し、漁にそなえます。

△カニを入れる箱を積みこむ。

△パイプを通して氷を船倉に入れる。

△出発の壮行会。

27

●ズワイガニがいっぱいとれた！

網の投げいれや引きあげなどは、すべて船長がブリッジで魚群探知機や潮流計、風向、時間などを見ながら、船員に指揮します。漁場や魚種によって、網の入れ方、引っぱり方などがちがうので、経験や勘がものをいうところです。

獲物が入った網を船尾に引きよせて、それを巻きあげ機でまきあげ、漁獲物を引きあげます。船上に引きあげられた袋状の網（ミソコ）の部分をゆるめると、ズワイガニをはじめカレイやハタハタ、タラ、貝類などが甲板に広がります。船員たちはここですぐに選別にとりかかります。魚は魚種別に、ズワイガニはオス、メス、水ガニに分けます。活きのいいものは船上のイケスに入れ、それ以外は箱づめにして、冷えた船倉に保管します。

つづいて、イケスのなかのズワイガニは選別台にのせ、滅菌海水をかけて洗います。ここで寸法をはかり、規格以下のものは海にもどします。その間に、次の網の準備をします。船員はそれぞれの役割に応じて、すばやく次の行動に移っていきます。

網をおろして引きあげて、選別してという1回の漁は約1時間、昼夜をとわずくりかえします。1航海は4〜5日で終わりますが、たくさん取れたときは早くもどります。

▷ミソコ（獲物がたまる袋状の網）を甲板に引きあげる。

△ミソコのひもをはずして、なかのカニや魚を甲板に広げる。

◁魚種別、大きさ、活きのよさ別などにわける。

第2章 中国のいろいろな漁業

△海水でよく洗って、冷水の入ったイケスや冷えた船倉に保存する。

24時間休みなしで漁をつづけることも

第二永福丸船長　網師野和敬さん

　祖父や父が漁師をしていたので、小さいときから船が寄港したときなどに、よく乗って遊んでいました。その後、漁師になりましたが、途中でやめて他の仕事に就いたこともあります。それでも漁師の仕事が好きなのでしょうね。また、もどってきて続けています。

　船長になるには国家試験を受けなければなりません。けっこうむずかしかったです。それでもなんとか4級海技士の資格を取ることができました。2000トンの船に乗れる資格です。

　いまは底びき網だけにしぼっています。この辺にいるだろうと見当をつけて、また他の船と情報交換をしながら、漁場をさがします。昨日いたところに、今日もいるとは限りません。

　船の舵取りもむずかしいです。潮や風の具合で、行き先がずれてしまうからです。漁場には仲間の船もふくめ、かなりの数の漁船が接近して漁をしているので、危険な状況でもありますが、そのすきをぬって網を打っていかなければなりません。

　とれだしたら、食事もしないで、網の引きあげ、魚類の選別をくりかえし、24時間休みなしに漁を続けることもあります。寒くて鼻水がこおってしまうようなときもあります。

　それでも、大漁だったときや、高く売れたときは、この仕事をやっていてよかったと思います。

朝、まだ暗いうちに底びき網漁船が港に到着。

市場に出荷する前に、大きさ別、漁種別などにわけて、箱に入れて荷揚げする。

🔴 朝、暗いうちに港に帰る

　前日の夕方、もどってくる船のセリの順番をくじ引きで決めます。それにより、港に船を着ける場所も決まります。早い船は、午前2時ごろに港にもどっています。入港してから、生きのよいズワイガニはプラスチックかごに入れて、そのほかは箱づめにして、船から陸にあげます。これが荷揚げ作業です。

🔴 市場にならべてセリの開始

　市場は朝5時ごろに開きます。魚介類は発泡スチロールの箱に入れ、生きたズワイガニはプラスチックかごに入れ、市場のなかにはこんでならべます。
　各船の船員は、船名と番号を書いたふだを箱に入れ、市場の担当者ははこばれてきたものの魚種と数を記帳します。松葉ガニは一尾ずつならべます。大きさ、固さ、脚のあるなし、傷のあるなしによって値段はかわります。仲買人は、品定めをして、いくらで買うか考えます。
　8時にセリ人が鐘をならします。これを合図にセリがはじまります。セリ人が売りたい値段をいうと、仲買人がそれに対して買いたい値段をいいます。さらに別の仲買人がもっと高い値段をいって、最後に一番高い値段をつけた仲買人が買いうけます。これを「セリ」といいます。数秒の間に決まることもあれば、値段がどんどんせりあがっていくこともあります。このセリを松葉ガニは一尾ずつ、箱に入ったものは箱ごとにおこないます。ひとつの船のセリが終わるのに40分くらいかかります。

▲タグをつけた松葉ガニの品定めをする仲買人。

▲とってきたカニや魚をすべて市場にならべて、セリを待つ。生きているカニは、水が入ったプラスチックのイケスに、酸素を補給し保管する。

▼セリのはじまり。オレンジの帽子をかぶっている人が仲買人。緑色の帽子がセリ人と記帳者。

境のクロマグロ漁

△境漁港でクロマグロの水揚げをしているところ。船倉から引きあげて陸にはこぶ。

●境漁港ってどんな港？

境漁港は鳥取県の北西、弓ヶ浜半島の北の端の境港市にあります。東に美保湾、西に淡水と海水がまじりあう汽水湖の中海、北は島根半島が天然の防波堤となって、その先に日本海がひらけています。イワシやアジ、サバ、ベニズワイガニ、クロマグロなど、日本海の豊富な水産資源にめぐまれ、1992年から5年連続して水揚げ量全国第1位を記録しました。なかでもイワシやベニズワイガニの水揚げ量は、何度も日本一になっています。また、生の天然クロマグロの水揚げ量も、2005年から8年つづけて日本一となりました。2013年は千葉県の銚子、静岡県の焼津についで3位となっています。国からは特定第三種漁港（水産業の振興のうえで、とくに重要な港湾として13の漁港があげられた）に指定されており、日本海有数の漁港となっています。

第2章 中国のいろいろな漁業

ものしりノート 《クロマグロ》

サバ科のマグロ属の魚。マグロの仲間には、クロマグロ、メバチ、キハダ、ミナミマグロ、ビンナガなどがある。なかでもクロマグロが太平洋では最大で、全長3m、体重500kgをこえるものもある。寿命は20年以上といわれる。おもに北太平洋西部に分布。とくに日本近海に多い。日本南方〜台湾東沖、日本海で産卵し、魚やイカを食べながら回遊する。近年、資源量が減少しており、漁獲量の規制がはかられている。

△境漁港から出ていくマグロ船団。写真左が境漁港。天然の良港とされる。

△境漁港の市場。マグロをならべる。

毎年5月末〜7月のクロマグロのシーズンになると、石川県、新潟県、長崎県からもまき網船の船団がやってきて、日本海の秋田県沖から福岡県沖でマグロ漁をおこない、とれたマグロを境漁港に水揚げします。この港は水揚げしたらすぐに入札して、新鮮なまま全国各地の市場などに送る加工業と流通網がととのっているので、日本海でとれたクロマグロのほとんどが、境漁港にあつめられます。

33

△クロマグロ漁をする本船。

△本船の操舵室。左上は現在位置をしめすGPSプロッター。中央は近くの魚群をとらえるソナー。その下は潮流計。右下は魚群探知機。

△まき網の端を伝馬船にあずけ、本船はマグロの群れをかこむように網を海のなかに入れていく。

△1周したら、まき網の端を受けとり、甲板員が網を引きあげていく。

●クロマグロをとるまき網漁船

　クロマグロ漁は、一本釣りやはえ縄漁がよく知られていますが、日本海ではまき網漁や定置網漁もおこなっています。まき網漁は長方形の大きな網（長さ約1km）を円形状にはり、マグロの群れをとりかこんでとる漁法です。

　船団はおもに、網をのせた本船1隻、魚の群れをさがす探索船2隻、とったマグロを港まではこぶ運搬船2隻の、計5隻からなります。このほか、本船にはまき網をひろげる手助けをする小さい伝馬船を積んでいます。これらの船には、全体の指揮をとる漁撈長をはじめ、各船の船長、機関長、甲板長、甲板員、無線連絡をする通信員、食事をつくるコック長など、計50人前後が乗りこみます。

　探索船をはじめ本船や運搬船で魚の群れをさがします。海上をとぶ海鳥の群れも目印になります。マグロは、エサとなる魚をもとめて移動するので、その周辺には海鳥も魚をとろうと、あつまってくるのです。

●いざ、マグロ漁を開始

　マグロの魚群を見つけると本船は、ソナーや魚群探知機でマグロの動きや方向、スピード、潮の流れなどを見ながら、マグロの群れの先頭にまわり、網のいっぽうの端を伝馬船にあずけ、猛スピードで、網を海に入れながら円をえがくように走っていきます。5分くらいで1周し、伝馬船から網の端を受けとり、網の底の部分を、ロープで引いてしぼっていきます。底の部分をしぼったら、次は網の上の部分を引きあげます。甲板員10人あまりが網を引きあげ、甲板の上にたたんでいきます。こうして網の幅がせばまってきたら、運搬船が近づいてきます。

　運搬船側からタモ網をだして、大きなマグロをすくいあげ、運搬船の船倉に移します。すべてすくいあげたら、運搬船だけ境漁港にむかって帰っていきます。

　海に網を入れたまま、生かしてはこぶこともあります。

第2章　中国のいろいろな漁業

▲クロマグロをタモ網で引きあげる。

たくさんとれたときの喜びは大きい

第一光洋丸船団漁撈長　初田政光さん

　漁師になって44年になります。その間、ずっとまき網船に乗ってきました。一年のうち、1～5月はアジ、6～7月はクロマグロ、8～11月はサバを追いかけています。アジやサバの漁は夜ですが、マグロの漁は昼間におこないます。

　クロマグロはこれまでのデータをもとに、群れがいそうなところに行き、全船でさがします。その際、海鳥の群れの位置もヒントになります。マグロはスピードが速いので、網を投げいれるタイミングがむずかしく、ちょっとまちがうと、すぐに逃げられてしまいます。確実にとろうと思ったら、夕方、潮の境目の水温が変わるあたりで、30分ほど動きがとまることがあるので、その時間帯をねらって網を入れます。

　一週間も10日も、まったく群れに会えないこともあります。アジやサバはこんなことは少ないですが、マグロの場合はしばしばあります。

　とれるときもあれば、とれないときもあり、毎日、変化があっておもしろいです。もちろん、たくさんとれたときの喜びは大きいです。ただ、資源保護のため、1年に2000トン以内という漁獲制限があり、その8割くらいとれたらやめるようにしています。

35

❶ 運搬船の船倉からマグロを引きあげて、陸に水揚げする。

❷ フォークリフトで市場内にはこぶ。

❸ マグロの腹に氷をつめる。

❹ 入札。仲買人が買いたい値段と数量を書いた紙を提出すると、入札の担当者はそのなかから一番高い値段をつけた人を発表する。

●港で水揚げ、入札へ

　とれたクロマグロは、氷水につけて、港にはこびます。港に着くと、マグロの尾にロープをかけて、クレーンで船倉から引きあげて、陸に移します。フォークリフトで市場のなかへはこぶと、魚を解体する割裁人（解体師）がまっていて、エラや内臓などをすばやくとりのぞきます。

　そしてマグロの重さをはかってから、氷がしいてあるところへはこんで、鮮度をたもつためマグロの腹に氷をつめていきます。マグロをすべてならべおえたら、いよいよ入札です。

　準備ができると、市場内に入札のはじまりを知らせるアナウンスが流れます。マグロを買いにきた仲買人が、マグロの状態をしらべ、いくらで買おうか考えています。入札の担当者が声をあげると、仲買人が値段と数量を書いた紙を提出します。入札の担当者は、その紙のなかから、一番高い値段を書いた人に売ることを発表します。こうして、ならべられたすべてのマグロの入札をおこないます。

《境漁港の市場》

　境漁港の市場は大きくわけて3つの水揚げ場からなります。1つ目は「イカ揚場」とよばれるところで、イカやクロマグロが水揚げされ、入札にかけられます。2つ目は「場内」で、近海でとれたカレイやハタハタ、エビ、貝などが水揚げされ、セリにかけられます。セリとは、値段をきそいあって、一番高い値段をつけた仲買人が買うことができる方式です。

　3つ目は、「カニ桟橋」で、沖合でとれたベニズワイガニやアジ、イワシ、サバなどが水揚げされます。ここでは、船から見本となる魚をおろしたら、その場ですぐに入札にかけられ、買いつけた仲買人のトラックへ積みこみます。

△「カニ桟橋」に水揚げされたベニズワイガニ。

△「カニ桟橋」でイワシの水揚げ。船の甲板にイワシの見本がならべられ、7時半からこの場で入札がおこなわれる。

▽「場内」で夏にとれる天然のイワガキのセリ。セリは5時から おこなわれる。

宍道湖のシジミ漁

●宍道湖ってどんなところ？

　島根県の北東にある宍道湖は、東西約19km、南北約6km、面積は79km²、日本で7番目に大きい湖で、海水と淡水がまじりあう汽水湖です。淡水は西の斐伊川から、海水は東の日本海から中海をへて宍道湖にそそいでいます。塩分濃度は海水の1割ほどで、シジミが育つのに適しています。また宍道湖の深さは平均で4.5mと浅く、これもシジミがくらしやすい環境です。
　宍道湖は生息する魚介類の種類が多く、100種類以上が確認されています。なかでもシジミが多く、漁獲量の90％以上をしめています。そのほかスズキやシラウオ、ワカサギ、ウナギ、コイ、フナ、エビ、カニなどが有名です。
　1963年に宍道湖を淡水化しようという工事がはじまりましたが、まわりの漁業関係者が反対運動をおこし、工事がかなりすすんだにもかかわらず、1988年に延期となりました（2002年に事業の中止が決定）。そのため宍道湖は現在も、おいしいシジミや多くの魚介類がとれる

第2章 中国のいろいろな漁業

ものしりノート 《ヤマトシジミ》

シジミはシジミ科の二枚貝で、日本には汽水域にすむヤマトシジミと、淡水にすむマシジミ、琵琶湖にすむセタシジミの3種類がある。宍道湖のシジミはヤマトシジミで、6月ごろに産卵し、大きいのは殻の長さ4cm、高さ3.5cmくらいになる。みそ汁やすまし汁、佃煮などにして食べる。

宍道湖でシジミ漁をする漁師。6～8月は朝6時から、4～5月と9～10月は7時から、11～3月は8時からはじまる。操業時間は3～4時間以内と決められている。宍道湖でシジミ漁をしている漁師は約280人。

ゆたかな湖として、まわりの漁業者に多くの恩恵をあたえています。

しかし、シジミの漁獲量は年々へっています。そこで、いつまでもシジミがとれるように、漁業者たちはきびしい規制をもうけています。漁は週4日（月・火・木・金曜日）、時間は3～4時間、1日にとる量も90kg以内と決められています。

▲シジミ漁につかう船。シジミをすくいあげるかごや、大きさを選別する機械（左）、とったシジミを入れるかごなどをのせている。

39

○シジミ漁のしかた

　宍道湖では、シジミかご（ジョレンというつめがついたかご）でシジミをすくってとりますが、それには3つの方法があります。船はとめたまま自分のからだを動かしてかきあげる「手かき」、船を動かしてかごを引っぱる「機械かき」、湖のなかに入ってシジミをかきあげる「入りかき」の3つです。機械かきの漁の時間は1日3時間以内、手かきと入りかきは4時間以内とされています。

　手かきの漁師は、岸に近い水深2〜3mくらいの浅いところに行き、ここと決めた場所にシジミかごを投げいれます。長い棒を動かして、かごの先についているつめで、底をこするように引っぱってシジミをすくいます。かごのなかにシジミが入ったころをみはからって、かごをあげます。

　かごを船の近くによせたら、かごをよくゆすって、砂利や土、貝殻、小さいシジミをふるい落とします。シジミかごの網の目の幅は11mmで、それより小さいシジミをここから落とします。ふるい落としたら、船の上のプラスチックかごのなかに移します。シジミは黒っぽいのや、黄色いのがあって、かがやいています。

　ある程度の量にたっしたら、船上の選別機にかけて、さらに小さいシジミや貝殻などをふるい落とします。こうして2つのプラスチックかごがいっぱいになるか、終了の時間がきたら、船つき場にもどります。

手かきの漁

▶船の上から水のなかにシジミかごを投げいれて、かごのつめで底をかく漁法。棒に体重をかけて、うまくあやつりながら、シジミをすくう。大変な力が必要。

△手かきの漁。シジミかごで底をかいている。

△シジミかごを水面に引きあげたら、よくゆすって小さいシジミや土、石などをふるい落とす。

△船上の選別機に入れて、さらに小さいシジミなどをふるい落とす。

機械かきの漁

▲機械かきの漁。船にシジミかごをむすびつけ、船の移動とともにシジミかごを引いて、シジミをかきとる。

入りかきの漁

▲入りかきの漁。腰まで、ときには胸まで湖につかって、うしろにすすみながら、人力でシジミをかきとる。足の裏にシジミを感じることができる。

まず、湖の地形を教えてもらいました

宍道湖漁業協同組合代表理事組合長　原　俊雄さん

　漁師をはじめて45年になります。父の代は農業が中心で漁業は副業でした。そのころはシジミよりも魚をとっていました。自分が漁業をはじめて10年ほどしてから、シジミが高く売れるようになり、シジミだけでやっていくことにしました。そのころ道路網がひらかれ、トラックでシジミを大阪の市場にはこぶことができるようになったのです。

　シジミ漁は、最初に先輩についていって、湖の地形について教えてもらいました。地形を知らないと、底にある木や岩などにぶつかることもあり危険です。ひとつずつノートに書いておぼえたものです。宍道湖のだいたいの地形がわかるのに10年くらいかかりました。

　宍道湖は静かな湖のようにみえますが、実は風が強くて、「三角波」という高い波がたつと危険です。とくに春にふく南西の突風がふきそうなときは、早めに帰るよう教えられました。最近も船が転ぷくする事故が起こっています。

　冬は寒くてつらいです。シジミかごの棒がこおりついてしまうほどです。また雪がふると、船の床がすべりやすくなります。それでも、冬は雪で真っ白、春はサクラ、秋は紅葉と、四季おりおりの自然が感じられるのがいいですね。宍道湖のおかげで家族の生活をささえることができました。とれないときもありますが、自然のめぐみをたくさん受けている漁師の仕事が好きです。

　これからもずっと、宍道湖を守っていきたいと思っています。

❶船つき場に到着して水揚げ。今日は2つのかごともいっぱいにとれた。

❸家にもって帰ってから、コンクリートの上にシジミを落とし、その音を聞いて、にぶい音がするシジミをとりのぞく。

❷選別機にかけて、大中小の大きさにわける。

❹水につけて、活きがよくないシジミをとりのぞく。

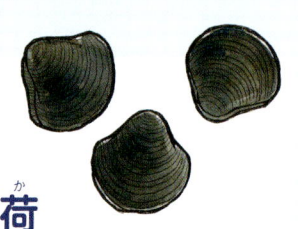

◯シジミの選別と出荷

　シジミ漁が終わって船つき場についたら、とってきたシジミを陸にあげます。すぐさま選別機にかけて、大中小の大きさにわけます。このあと、さらにコンクリートの上に落として音を聞いて、にぶい音がするシジミをさがしてとりわけます。これはかなり手間のかかる作業です。そして、シジミを水にひたしてしらべます。水にひたして口をあけるシジミは死んでいるので、これもとりのぞきます。

　活きのよい状態のシジミだけを網に入れて、計量して、出荷の準備ができると、契約してい

❺袋につめて出荷。仲買人がトラックであつめにまわってくる。

る仲買人が各家をまわって、シジミをあつめにきます。仲買人によって、遠くは関東、関西、福岡の市場へ、あるいは市内や県内のスーパーマーケットや料亭、加工場などにおくられます。

《宍道湖の漁業資源をまもるために》

　宍道湖の漁業のメインはシジミ漁ですが、ほかにウナギ、スズキ、ワカサギ、シラウオ、フナなどがとれます。

　宍道湖漁業協同組合では、宍道湖の水産資源をふやそうという事業にとりくんでいます。シジミは6月ごろ、湖の中心部に浮遊するシジミの幼生を採取して育て、10月ごろ稚貝（こどもの貝）を生息地に放流しています。

　ほかにもワカサギの親をふ化場に入れて自然産卵させ、稚魚を放流しています。ウナギやエビなども同様に放流事業にとりくんでいます。

　さらに、湖の底をたがやして酸素を入れてシジミが生きられるような環境をつくったり、湖の底にたまったごみや藻などをとりのぞく活動をしています。また斐伊川の水源に植林をして、源流の保水や水質をよくする活動もおこなっています。竹で漁礁をつくって魚介類がすむ場所をつくることや、ヨシ（アシ）をうえる事業もすすめています。

▲シジミの幼生を採取（左）し、湖の中心部で育て、大きくなったら放流する事業。0.2〜1cmくらいに育ったシジミ（中央）を引きあげるところ（右）。

▲魚類のふ化と放流事業。ワカサギのふ化場（左）。ウナギの放流（中央）。フナの稚魚の放流（右）。

▲宍道湖の環境をよくする事業。湖の底をたがやす（左）。斐伊川上流でスギやヒノキの植林（中央）。竹の魚礁づくり（右）。

中国の漁業地図

○豊かな日本海の漁場

中国地方は北を日本海が、西の関門海峡を通って南に瀬戸内海がひらけています。日本海は南から対馬暖流が、北からリマン寒流が流れてくるところで、多くの魚介がとれる豊かな漁場となっています。鳥取から島根半島のリアス海岸へとつづき、山口県へといたる海岸線は、磯の魚や、ウニ、アワビなどがとれます。海底には海藻が生育し、幼魚のかっこうのすみかとなっています。沖は、イワシやアジ、サバ、ブリ、クロマグロなど、多くの魚が回遊し、冬はズワイガニがとれます。隠岐諸島はケンサキイカなどのイカの漁場として有名です。隠岐諸島の北西にある竹島周辺はよい漁場ですが、韓国と竹島の領有をめぐった問題があるため、漁業の操業は制限されています。

ケンサキイカ。白イカともよばれている。

○天然の良港・境漁港

鳥取県の境漁港は天然の良港で、日本海側では最大の漁港です。6～7月ごろ、日本海を回遊しているクロマグロをとります。これらは、ほとんど境漁港に水揚げされます。ここではクロマグロの内臓をすばやくとりだす解体処理ができる技術者がそろっています。

ズワイガニ漁。

また鳥取県では、冬にはズワイガニがたくさんとれます。ズワイガニに似たベニズワイガニは、夏の数か月をのぞくと、ほぼ1年中とれます。ともに漁獲量がへっているため、漁期や大きさなどに制限をもうけ、資源をふやす努力をしています。

ほかにハタハタやイワガキなどもとれます。ハタハタは秋田県とともに有名ですが、鳥取県のハタハタは脂がのっておいしいといわれています。イワガキは夏に身が大きくなり、味もよくなります。なかでも大きいのは「夏輝」という名をつけて出荷しています。

○島根県の浜田港と宍道湖

島根県の沖から隠岐諸島の間は、水深200mほどの大陸棚がつづき、魚介類のエサとなるプランクトンも豊富です。アジやイワシ、サバ、ブリのほかに、マダイ、トビウオ、ヒラメ、カレイ、サワラ

■中国地方のおもな漁港と県別漁業生産額

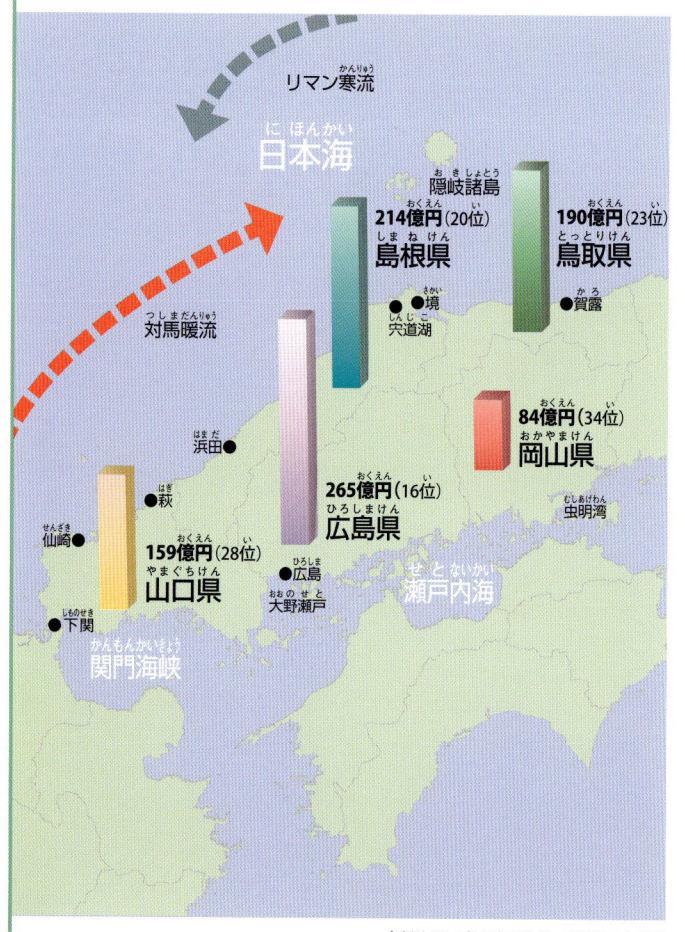

- リマン寒流
- 日本海
- 隠岐諸島
- 島根県 214億円(20位) ●境 ●宍道湖
- 鳥取県 190億円(23位) ●賀露
- 浜田●
- 萩●
- 山口県 159億円(28位)
- 仙崎●
- 下関●
- 関門海峡
- 広島県 265億円(16位) ●広島 ●大野瀬戸
- 岡山県 84億円(34位) ●虫明湾
- 瀬戸内海
- 対馬暖流

金額は2014年の海面漁業・養殖業の生産額

44

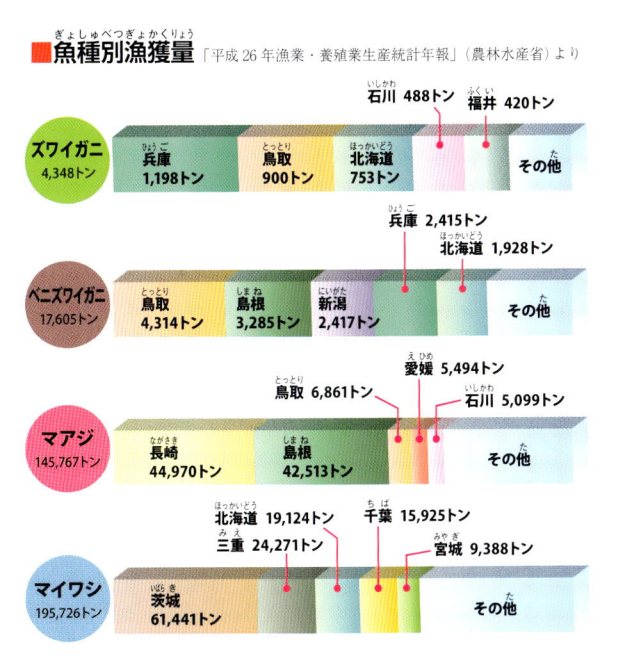

■**魚種別漁獲量** 「平成26年漁業・養殖業生産統計年報」（農林水産省）より

魚種	総量	内訳
ズワイガニ	4,348トン	兵庫 1,198トン／鳥取 900トン／北海道 753トン／石川 488トン／福井 420トン／その他
ベニズワイガニ	17,605トン	鳥取 4,314トン／島根 3,285トン／新潟 2,417トン／兵庫 2,415トン／北海道 1,928トン／その他
マアジ	145,767トン	長崎 44,970トン／島根 42,513トン／鳥取 6,861トン／愛媛 5,494トン／石川 5,099トン／その他
マイワシ	195,726トン	茨城 61,441トン／三重 24,271トン／北海道 19,124トン／千葉 15,925トン／宮城 9,388トン／その他
クロマグロ	11,272トン	長崎 2,709トン／鳥取 1,460トン／宮城 1,050トン／青森 1,019トン／愛媛 725トン／その他
ハタハタ	6,553トン	兵庫 1,508トン／秋田 1,259トン／鳥取 1,225トン／石川 623トン／その他
カキ類	183,685トン	広島 116,672トン／宮城 20,865トン／岡山 16,825トン／兵庫 7,522トン／その他
シジミ	9,804トン	島根 3,622トン／青森 3,350トン／茨城 828トン／北海道 812トン／東京 467トン／その他

などがとれます。中心となる漁港は浜田港で、多くの魚介類が水揚げされています。

宍道湖は海水と淡水がまじる汽水湖で、シジミの産地として知られています。ほかにワカサギ、スズキ、シラウオ、ウナギ、フナなど魚の種類も多いです。

日本海でとれた魚介のさしみ。

○下関のフグ

三方が海に面している山口県は、北は日本海、南は瀬戸内海、西は関門海峡にかこまれ、豊かな水産資源にめぐまれています。山口県で有名なのは下関のフグで、水揚げ量は日本一です。フグは毒をもっているため、これを加工して出荷する専門の技術者がそろっている下関に、各地でとれたフグがはこばれてくるのです。水産加工業もさかんで、すり身を蒸さないで焼くカマボコや、ウニのびんづめなど、種類も豊富です。

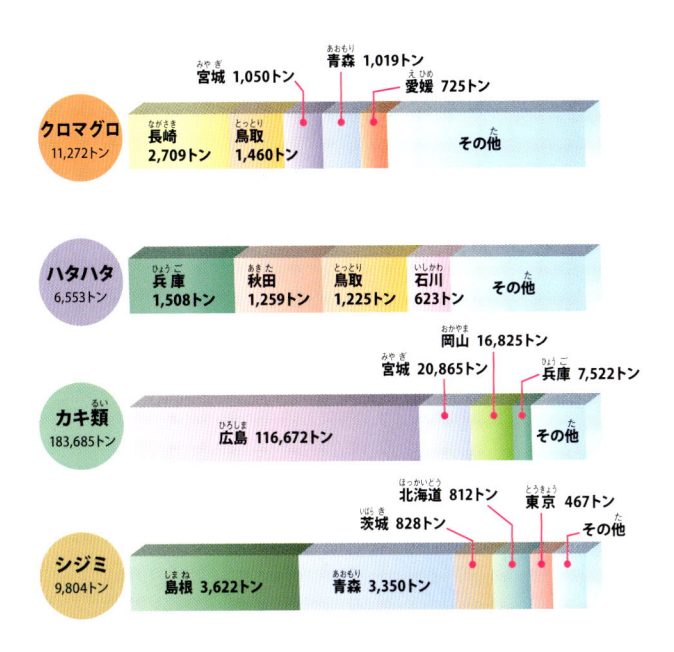

下関のフグ（トラフグ）。

○おだやかな瀬戸内海の漁場

瀬戸内海は、海岸線が複雑で入り江も多く、大小3000もの島がうかんでいます。内海のおだやかな海で、水深も浅く、干潮のときは干潟がひろがります。また、潮の流れが早く、海底の養分をまきあげるので、魚介類のエサとなるプランクトンがよく育ちます。ここではカキやノリなどの養殖がさかんです。また漁業の規模は小さいですが、クロダイやマダイ、タコ、エビ、シャコ、カニ、貝類などが多くとれます。

広島県ではカキの養殖がさかんで、全国の生産量の半分以上をしめています。また、地元では「チヌ」とよばれるクロダイの漁獲量も多く、全国一をほこっています。潮の流れが早い廿日市市の大野瀬戸のアナゴは、味がよいと評判です。

岡山県でもカキの養殖がさかんです。瀬戸内市の虫明湾では、カキのほかにもノリの養殖をおこなっています。また、タコやイカ、サワラなどもとれます。

広島のカキのいかだ。

解説 中国の魚を知ろう

坂本一男
（おさかな普及センター資料館　館長）

1. ズワイガニの仲間

　ズワイガニは日本でもっとも人気のあるカニの1つです。大きくてりっぱな雄はとくに「松葉ガニ」（山陰地方）、「越前ガニ」（福井県）などと呼ばれます。このほか、日本近海のズワイガニの仲間では、ベニズワイガニとオオズワイガニも知られています。

　ズワイガニは日本海および房総半島以北の北太平洋、北大西洋に分布しています。大陸棚のまわりの水深200～500mに多くすんでいます。日本近海のおもな漁場は、富山県より西の日本海です。おもに底びき網でとります。

　ベニズワイガニは体が朱色をしているので、褐色のズワイガニと区別できます。日本海およびオホーツク海、房総半島より北の本州の太平洋側に分布しています。すんでいる深さは200～2700mのあたりですが、600～2000mに多くいます。おもな漁場は日本海で、「カニかご」とよばれる道具でとります。身は水分が多いうえ、鮮度が落ちるのも速く、かつてはむき身の加工品や缶詰の原料になるぐらいでした。しかし、最近では鮮度をたもつ技術や加工技術が進歩したことにより「ゆでがに」やそれを冷凍したものもあります。

　オオズワイガニは甲らが幅の広い三角形をしていて、丸みのある三角形の甲らをもつズワイガニと区別できます。北海道の太平洋岸でもとれますが、もともと寒い海にすむカニで、ベーリング海のカムチャツカ半島の東側やアラスカ沿岸に多くすんでいて、底びき網でとります。ズワイガニよりも大きくなりますが、たくさん輸入されていて、価格も安いです。

2. シジミ漁業の現在

　九州以北の日本にはマシジミ、セタシジミ、ヤマトシジミの3種のシジミが分布しています。マシジミは淡水の砂にすみ、本州から九州に分布しています。セタシジミは琵琶湖のまわりの砂だけにすんでいます。ヤマトシジミは淡水と海水がまじった、すなわち汽水域の砂と泥がまじるところにすみ、サハリン南部から日本各地、朝鮮半島に分布しています。現在のシジミ漁業の漁獲量の99％以上はヤマトシジミです。したがって今、シジミといえばヤマトシジミをさします。

　シジミ漁業は全国各地の汽水の湖や河口でおこなわれています。おもな産地は島根県の宍道湖、三重県の木曽三川（木曽川・揖斐川・長良川）、茨城県の涸沼と涸沼川、青森県の十三湖、小川原湖、北海道の網走湖などです。ところで1970年には約6万トンあった漁獲量はへりつづけ、2012年には約8000

ズワイガニ 　　　　　ベニズワイガニ 　　　　　オオズワイガニ

マシジミ　　　　セタシジミ　　　　ヤマトシジミ

トンになりました。霞ヶ浦、北浦、利根川、長良川、筑後川などではシジミ漁業がなくなりました。これらの産地では、河口ぜきとよばれる川のしきりの建設や干拓により、それまで汽水であったところが淡水になり、ヤマトシジミの卵と精子が受精することができなくなったのです。このシジミの受精には塩分が必要です。漁獲量がへったのは、塩分不足などの環境の変化によって資源がへったためということがわかってきました。

このため、各地で漁獲量や漁法を制限したり、漁業の禁止期間や場所をもうけたりなどして資源の管理をしています。しかしながら、ヤマトシジミの資源をふやすには、なによりもそのすみかである汽水域の保護が必要です。

3. 日本の養殖業

中国地方でもさかんな養殖業ですが、日本各地でも、カキやノリなどの養殖がおこなわれています。

2012年の日本の養殖業の生産量は107万トンで、漁業・養殖業の総生産量に占める割合は22%でした。このうち、ブリ類やマダイ、ギンザケなどの海水魚は25万トン（23%）、カキ類やホタテガイなどの貝類は35万トン（33%）、ノリ類やワカメ、コンブなどの海藻類は44万トン（41%）、ウナギやニジマスなどの淡水魚は3万トン（3%）でした。

養殖業の生産量は1988年の143万トンを最高に、しばらくは130万トン前後でしたが、ここ10年ほどは少しずつへっています。海水魚の生産量は1995年の28万トンが最高で、2012年は10%へりました。とくにマダイとヒラメがへりました。ブリ類は安定していて、クロマグロはふえつつあります。貝類は2002年の50万トンが最高で、30%へりました。これは、カキ類やホタテガイのおもな産地である北海道・東北地方の太平洋岸が東日本大震災の影響を受けたためです。海藻類は1994年の64万トンから30%ほどへりました。とくにノリ類とワカメがへりました。淡水魚は1988年の10万トンから70%へりました。

現在日本の養殖業には、生産しすぎ→価格が下がる→生産をふやす→養殖の密度が上がる→漁場の環境が悪くなり、価格がさらに下がる、という問題に直面しています。養殖業を続けさらに発展させるためには、計画的な生産、よい漁場の確保、天然種苗や餌資源の管理、人工種苗やエサの開発、病気対策などが必要です。

参考資料：
小野征一郎（2014）「水産白書をめぐって②」日刊食料新聞2014年7月3日
佐々木克之（2014）「ヤマトシジミの減少要因と対策」水産振興（555）
水産庁（2014）「平成25年度　水産白書」
武田正倫（2009）「日本産有用十脚甲殻類（エビ・カニ類）」水産振興（503）
中村幹雄（2011）「日本の水産業　ヤマトシジミ」水産資源回復管理支援会
水島敏博・鳥澤　雅（2003）「漁業生物図鑑　新　北のさかなたち」北海道新聞社
本尾　洋（1999）「日本海の幸─エビとカニ」あしがら印刷
（写真：水産総合研究センター）

ノリの収穫のようす。

坂本一男（さかもと かずお）

1951年、山口県生まれ。おさかな普及センター資料館館長。北海道大学大学院水産学研究科博士課程単位修了。水産学博士。東京大学総合研究博物館研究事業協力者も務める。主な著書・共著に『旬の魚図鑑』（主婦の友社）、『日本の魚―系図が明かす進化の謎』（中央公論新社）、監修に『調べよう　日本の水産業（全五巻）』（岩崎書店）、『すし手帳』（東京書籍）などがある。

- □取材協力　網師野和敬
  　　　　　共和水産株式会社
  　　　　　境漁港水産振興協会
  　　　　　宍道湖漁業協同組合
  　　　　　鳥取県漁業協同組合賀露支所
  　　　　　広島市農林水産振興センター
  　　　　　森尾水産

- □写真協力　網師野和敬
  　　　　　共和水産株式会社
  　　　　　宍道湖漁業協同組合
  　　　　　水産総合研究センター
  　　　　　鳥取県漁業協同組合賀露支所
  　　　　　広島市農林水産振興センター

- □イラスト　ネム

- □デザイン　イシクラ事務所
  　　　　　（石倉昌樹・大橋龍生・山田真由美・佐藤宏美）

漁業国日本を知ろう　中国の漁業

2014年11月25日　第1刷発行
2017年 5 月30日　第2刷発行

監修／坂本一男
文・写真／吉田忠正

発行者　中村宏平
発行所　株式会社ほるぷ出版
〒101-0051　東京都千代田区神田神保町3-2-6
電話　03-6261-6691
http://www.holp-pub.co.jp

印刷　共同印刷株式会社
製本　株式会社ハッコー製本

NDC660　210×270ミリ　48P
ISBN978-4-593-58702-5　Printed in Japan

落丁・乱丁本は、購入書店名を明記の上、小社営業部までお送りください。
送料小社負担にて、お取り替えいたします。

漁業国 日本を知ろう
全9巻
監修／坂本一男

北海道の漁業
文・写真／渡辺一夫

東北の漁業
文・写真／吉田忠正

関東の漁業
文・写真／吉田忠正

中部の漁業
文・写真／渡辺一夫

近畿の漁業
文・写真／渡辺一夫

中国の漁業
文・写真／吉田忠正

四国の漁業
文・写真／渡辺一夫

九州・沖縄の漁業
文・写真／吉田忠正

資料編
文・写真／吉田忠正・渡辺一夫